BEI GRIN MACHT SICH IHR WISSEN BEZAHLT

AF131184

- Wir veröffentlichen Ihre Hausarbeit,
  Bachelor- und Masterarbeit

- Ihr eigenes eBook und Buch -
  weltweit in allen wichtigen Shops

- Verdienen Sie an jedem Verkauf

Jetzt bei www.GRIN.com hochladen und kostenlos publizieren

Bibliografische Information der Deutschen Nationalbibliothek:

Die Deutsche Bibliothek verzeichnet diese Publikation in der Deutschen National-
bibliografie; detaillierte bibliografische Daten sind im Internet über http://dnb.d-
nb.de/ abrufbar.

Impressum:

Copyright © 2016 GRIN Verlag, Open Publishing GmbH
Druck und Bindung: Books on Demand GmbH, Norderstedt Germany
ISBN: 9783668335950

Dieses Buch bei GRIN:

http://www.grin.com/de/e-book/343398/forschungsmethoden-und-angewandte-
statistik-zum-thema-elektromobilitaet

Anna Geisberger

Forschungsmethoden und angewandte Statistik zum Thema Elektromobilität

GRIN Verlag

GRIN - Your knowledge has value

Der GRIN Verlag publiziert seit 1998 wissenschaftliche Arbeiten von Studenten, Hochschullehrern und anderen Akademikern als eBook und gedrucktes Buch. Die Verlagswebsite www.grin.com ist die ideale Plattform zur Veröffentlichung von Hausarbeiten, Abschlussarbeiten, wissenschaftlichen Aufsätzen, Dissertationen und Fachbüchern.

Besuchen Sie uns im Internet:

http://www.grin.com/

http://www.facebook.com/grincom

http://www.twitter.com/grin_com

Hochschule für angewandtes Management
Fachbereich Wirtschaftspsychologie
Sommersemester 2016

Studienarbeit im Fach Forschungsmethoden und angewandte Statistik
zum Thema Elektromobilität

vorgelegt von
Anna Geisberger
6. Semester

Tag der Einreichung 14.09.2016

Inhaltsverzeichnis

Abbildungsverzeichnis:

1) Einleitung

„Die Mobilität, wie wir sie heute praktizieren, ist nicht zukunftsfähig."

Horst Köhler, 2010

Diese Aussage, des ehemaligen Bundespräsidenten Horst Köhler auf der ADAC Preisverleihung „Gelber Engel" im Jahr 2010, kann durch zahlreiche Argumente und Forschungen in den letzten Jahrzehnten gestützt werden. Der fortschreitende Klimawandel und die Verknappung der natürlichen Ressourcen drängen die Automobilindustrie zum Umdenken.

Dabei handelt es sich bei dem Elektroauto in keinster Weise um eine Neuerfindung. Bereits zu Beginn des Automobils wurden elektrische Antriebe verbaut. Ende des 19. Jahrhunderts wurde sogar ein Weltrekord mit einem Elektroauto aufgestellt. Mit einer Höchstgeschwindigkeit von über 100 km/h schlug dieses Auto den benzinbetriebenen Konkurrenten. Die geräuscharme und ruhige Fortbewegung wurde von der Bevölkerung gegenüber den lauten und ratternden Benzinautos bevorzugt. Allerdings konnte das benzinbetriebene Automobil große Fortschritte in der Entwicklung verbuchen, wohingegen die gravierenden Nachteile des Elektroautos nicht ausreichend verbessert werden konnten. Spätestens mit der Erfindung des elektrischen Startes, als Ersatz für das mühsame Ankurbeln der Benziner, verschwand das Elektroauto vorerst von der Oberfläche. Die bereits beschriebene Umweltproblematik der heutigen Zeit lies die Idee des Elektroautos jedoch wieder aufkommen und ist heute populärer den je (vgl. Kriener, 2009). Mit einem nationalen Entwicklungsplan, einem Regierungsprogramm sowie einigen Maßnahmen und Programmen zum Thema Elektromobilität, schaltet sich sogar die Bundesregierung für die Förderung der E-Mobilität ein (vgl. Bundesregierung, 2013). Dies verdeutlicht denn Stellenwert dieser Thematik. Der Ernst der Lage unseres Klimawandels dürfte vermutlich jedem in Deutschland bekannt sein. Da es jedoch immer noch einige Nachteile bei der Elektromobilität gibt, sind die angestrebten Ziele der Bundesregierung, von 1 Million elektronisch betriebener Fahrzeuge im Jahr 2020, noch recht optimistisch. So gab es im Jahr 2015 in Deutschland lediglich knapp 19.000 Elektroautos (vgl. Statista, 2016). Obwohl in den letzten Jahrzehnten viel Aufwand in der Forschung betrieben wurde, sind bei dieser Art der Fortbewegung noch immer Einbußen hinsichtlich Reichweite, Lademöglichkeiten und Preis zu verzeichnen (vgl. Kriener, 2009). Um die Thematik weiter zu vertiefen und die Anschauungen der Bevölkerung zu diesem Thema im Hinblick auf den Tourismus zu beleuchten, beschäftigt sich eine Umfrage des Zentrums für marktorientierte Tourismusforschung der Universität Passau

(CenTouris) mit dem Thema Elektromobilität. Diese Gästebefragung wurde im Rahmen der Modellkommune Elektromobilität Garmisch-Partenkirchen durchgeführt. Der zugehörige Datensatz dieser Befragung steht für die empirische Sozialforschung dieser Studienarbeit zur Verfügung. Ziel dieser quantitativ empirischen Studienarbeit ist es, die Forschungsmethoden und Statistik anzuwenden, um aufgestellte Hypothesen zu überprüfen. Zunächst werden die eigens vermuteten Hypothesen über inhaltliche Zusammenhänge aufgestellt, um diese im Anschluss durch Anwendung verschiedener Verfahren zu analysieren. Bei den Verfahren handelt es sich um den Chi^2-Test, die Regressionsanalyse und die einfaktorielle Varianzanalyse. Diese Überprüfungen werden durch deskriptive Informationen zur Stichprobe und die Interpretation der Ergebnisse ergänzt. Abschließend folgt die Interpretation dieser empirischen Forschung.

2)   Inhaltliche Zusammenhänge

Eine theoretisch begründete Vermutung oder Annahme über einen Zusammenhang oder eine Beziehung zwischen zwei oder mehr Variablen, die für eine bestimmte Population gelten soll, nennt man Hypothese. Eine Population stellt dabei die Gesamtheit einer definierten Zielgruppe dar. Für die Erhebung wird ein Teil dieser Population als Stichprobe herangezogen. Anhand dieser Stichprobe können durch Anwendung unterschiedlicher statistischer Testverfahren, diese Hypothesen bestätigt oder abgelehnt werden.

Folgende Hypothesen werden anhand des zur Verfügung gestellten Datensatzes und dem Programm SPSS im Laufe dieser Studienarbeit überprüft:

2.1)   Hypothesenformulierung

1.   Hypothese

H0: Zwischen Männern und Frauen gibt es keinen signifikanten Unterschied in der Häufigkeit der Erfahrungen mit Elektroautos.

H1: Männer haben signifikant häufiger Erfahrung mit Elektroautos gemacht, als Frauen.

2.   Hypothese

H0: Bei dem Grund den MINI E zu mieten, um 204 PS zu erleben gibt es zwischen Männern und Frauen keinen signifikanten Unterschied.

H1: Männer wählen den Grund den MINI E zu mieten, um 204 PS zu erleben, signifikant häufiger als Frauen.

3. Hypothese

H0: Der Grund gegen das Mieten eines MINI E während des Aufenthalts in Garmisch-Partenkirchen, aufgrund der ungewohnten Technik, ist geschlechterunabhängig.

H1: Für Frauen ist die ungewohnte Technik häufiger ein Grund gegen die Mietung eines MINI E während des Aufenthalts in Garmisch-Partenkirchen, als für Männer.

4. Hypothese

H0: Das Wetter hat keinen Einfluss auf die Wahl ein E-Auto zu mieten.

H1: Bei Regenwetter entscheiden sich signifikant mehr Befragte für ein E-Auto.

5. Hypothese

H0: Der Preis, der als zu teuer angesehen wird für den MINI E hat keinen Zusammenhang mit dem Alter

H1: Der Preis für den MINI E, der als zu teuer angesehen wird, hängt mit dem Alter der Befragten zusammen.

6. Hypothese

H0: Das persönliche Interesse an Elektroautos hat keinen Einfluss auf die Höhe des Mietpreises, den jemand gerade noch bereit ist zu zahlen.

H1: Wer mehr an Elektroautos interessiert ist, ist auch bereit mehr Miete dafür zu bezahlen.

7. Hypothese

H0: Es gibt keinen Zusammenhang zwischen der Anzahl an Übernachtungen in Garmisch-Partenkirchen und dem Interesse an dem MINI E-Angebot

H1: Mit mehr Übernachtungen in Garmisch-Partenkirchen, steigt das Interesse an dem Mietangebot des MINI E.

8. Hypothese

H0: Der Tagesmietpreis für den MINI E, der als teuer empfunden wird, ist unabhängig vom Einkommen.

H1: Je höher das Einkommen, desto höher ist der Tagesmietpreis für den MINI E, der als teuer empfunden wird.

3) Ergebnisse

Zur Beschreibung der Ergebnisse wird zunächst die Stichprobe mit Hilfe von Häufigkeiten und Abbildungen beschrieben. Die Faktorenanalyse dient im Anschluss der Erhöhung der Messgenauigkeit. Im Anschluss werden die Hypothesen überprüft. Die Überprüfung erfolgt mittels verschiedener Verfahren. Dabei handelt es sich um den Chi²-Test, die Regressionsanalyse und die einfaktorielle Varianzanalyse. Abschließend werden die Ergebnisse der Hypothesenüberprüfung interpretiert.

3.1)   Informationen zur Stichprobe

Die Befragung erfolgte im Rahmen einer Gästebefragung an unterschiedlichen Orten in Garmisch-Partenkirchen zum Thema Elektromobilität und wird von dem Institut CenTouris der Universität Passau durchgeführt. Grund dieser Befragung war die Nominierung der Marktgemeinde Garmisch-Partenkirchen als Modellkommune für E-Mobilität. Lage und Struktur der Gemeinde, sowie das sensible Ökosystem im Alpenland sprachen für die Forschung des Gesamtsystems in dieser Region. Ziel des Modells ist das Lösen von künftigen Herausforderungen in Bezug auf eine ressourcenschonende Mobilität. Hierzu gehört die Weiterentwicklung von E-Mobilität in einem ganzheitlichen und nachhaltigen Konzept. Unternehmen, Universitäten, Umweltorganisationen, Forschungseinrichtungen sowie Dienstleister sind an diesem Projekt beteiligt. Wichtige Kriterien für den Projekterfolg sind die Alltagstauglichkeit, die Funktionalität und die Nutzerattraktivität. (vgl. e-gap, 2016) Zur Prüfung dieser Kriterien, wurde unter anderem eine ausführliche Umfrage erhoben. Der Fragebogen enthält Fragen zur Demografie sowie zur Meinung und Einstellung zum Thema Elektromobilität. Je nach Item gibt es differenzierte Skalierungen. Bei den Fragen zur Einstellung wurde meist eine Likert-Skalierung verwendet, bei der die Befragten auf einer fünfstufigen Skala einer vorgegebenen Aussage mehr oder weniger zustimmen oder diese mehr oder weniger ablehnen konnten.

Die erhobenen Daten gehen aus der Befragung von 326 Personen hervor. Mit 61,7 % übersteigt der Anteil der männlichen Teilnehmer den Anteil der Frauen. Das Alter der Probanden ist normalverteilt und liegt zwischen 17 und 83 Jahren, wobei der Mittelwert bei 52 Jahren liegt. Fünf Befragte gaben keine exakte Alterszahl an. Mit 96,3 %, ist der Wohnort der Befragten mit Abstand am häufigsten in Deutschland. Ein Viertel der Befragten gaben an, dass sie bereits Erfahrungen mit elektromobilen Fahrzeugen gemacht haben. Der Großteil hat diese Erfahrung mit einem E-Bike/Pedelec gemacht.

Mit 33,1 % gaben die meisten Passanten an, sie seien „teils, teils" an dem Thema Elektromobilität im Allgemeinen interessiert. Fast gleich viele Leute, nämlich 31,6 %, gaben an sie haben „großes Interesse" an diesem Thema. Die Antworthäufigkeiten sind in etwa normalverteilt und haben mit einem Wert von 0,315 eine positive Schiefe und sind somit rechtsschief bzw. linkssteil, d. h. es liegt eine Tendenz zu eher mehr Interesse vor (siehe Abbildung 1). Auch das arithmetische Mittel von 2,67 liegt leicht über dem Median von 3,0 und bestätigt dies. Das Interesse an Elektroautos ist mit einem Durchschnitt von 2,98 nicht mehr ganz so hoch, hat mit 0,210 jedoch noch eine leicht positive Schiefe. Allerdings ist die Verteilung mit -0,939 relativ flachgipflig.

4

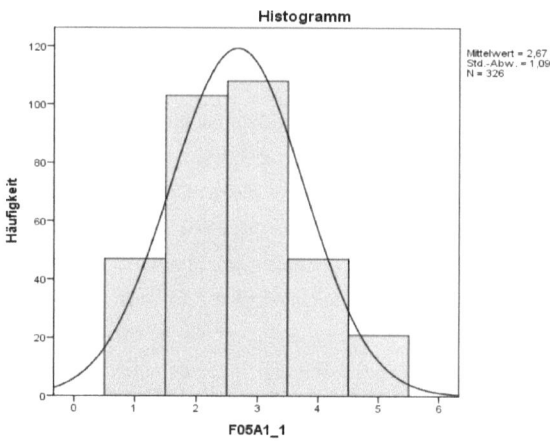

Abbildung 1: Häufigkeitsverteilung der Variable „persönliches Interesse am Thema Elektromobilität im Allgemeinen" (F05A1_1) (eigene Darstellung).

3.2) Faktorenanalyse

Die Faktorenanalyse ist ein Instrument der multivariaten Statistik und dient dazu aus mehreren Variablen einen Faktor zu bilden. Ziel dieses statistischen Verfahrens ist die Reduktion von Daten bzw. Dimensionen. Bei dem hier vorliegenden Fragebogen bietet sich eine Reduzierung der Dimensionen in Bezug auf die Einstellung gegenüber Elektroautos an. In der Frage F07 wurden den Befragten einige Aussagen über E-Autos vorgelesen, welche diese mittels einer Likert-Skala von 1= „trifft voll und ganz zu" bis 5 = „trifft ganz und gar nicht zu" bewerten konnten. Außerdem gab es die Option „weiß nicht" und „keine Angabe" zu wählen. Die Likert-Skalierung bietet sich besonders an mehrere Variablen zu einem Faktor zusammen zu fassen. Hierbei gibt es einige Voraussetzungen, welche bei diesem Verfahren der Datenreduktion erfüllt sein müssen. Folgende Ergebnisse müssen überprüft werden: Maß der Stichprobeneignung nach Kaiser-Meyer-Olkin, Bartlett-Test auf Sphärizität, Korrelationsmatrix, Anti-Image-Matrizen, Kommunalitäten, erklärte Gesamtvarianz, Knick im Sreeplot und die rotierte Komponentenmatrix. Das Kaiser-Meyer-Olkin-Maß liegt laut der Berechnung von SPSS bei 0,517, dies sagt aus, dass die Stichprobe nicht für eine Faktorenanalyse geeignet ist. Dieses Maß sollte mindestens bei 0,7 liegen. Der Bartlett-Test hingegen fällt mit einer Signifikanz von 0,000 sehr hoch aus (siehe Abbildung 2).

KMO- und Bartlett-Test

Maß der Stichprobeneignung nach Kaiser-Meyer-Olkin.		,517
Bartlett-Test auf Sphärizität	Ungefähres Chi-Quadrat	106,798
	df	10
	Signifikanz nach Bartlett	,000

Abbildung 2: KMO- und Bartlett-Test der Faktorenanalyse von Item F07 (eigene
Darstellung).

Die Korrelationsmatrix, als Basis der Faktorenanalyse, liegt mit 0,435 lediglich einmal über dem Grenzwert von 0,3 und zwar bei der Korrelation von dem Item „Elektroautos sollten einen wichtigen Platz in unserem Mobilitätssystem einnehmen" und dem Item „Elektroautos helfen dabei, den Umweltschutzgedanken in der Bevölkerung zu verankern". Die statistische Signifikanz dieser beiden Items ist mit 0,000 äußerst hoch und deutet darauf hin, dass hier ein Zusammenhang besteht. Die Anti-Image-Werte zur Überprüfung des MSA-Kriteriums liegen leider nicht über dem Sollwert von 0,7, die Kommunalitäten hingegen bieten mit Werten über 0,3 eine gute Varianzaufklärung. Bei der Extraktion von zwei Komponenten, können lediglich ca. 30% der Varianz erklärt werden. Der Sreeplot (siehe Abbildung 3) zeigt keinen eindeutigen Knick im Verlauf, es kann beim Faktor 3 lediglich ein Knick erahnt werden, was ebenfalls für zwei Faktoren spricht. Diese Abbildung zeigt also, dass die Differenzierung der einzelnen Items nicht recht eindeutig ist. Daher und aufgrund der bereits nicht erfüllten Voraussetzungen für die Faktorenanalyse wird auf die Reduktion dieser Daten verzichtet, um die Verlässlichkeit der Ergebnisse nicht zu gefährden.

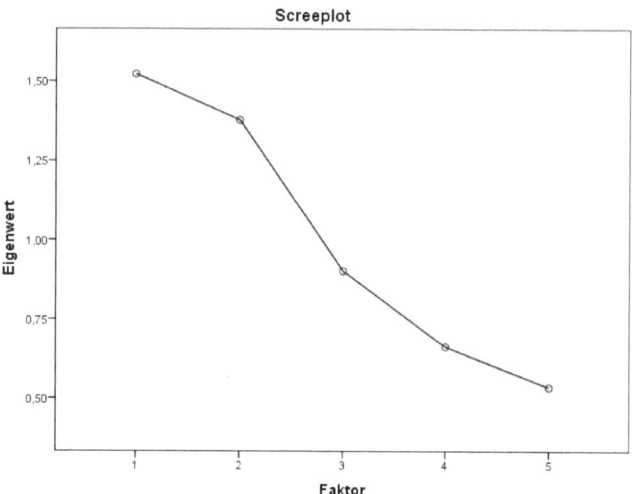

Abbildung 3: Screeplot zur Faktorenanalyse bei Item F07(eigene Darstellung).

3.3   Anwendung der Verfahren

Für diese Studienarbeit werden nun zur Überprüfung der Hypothesen folgende Verfahren verwendet: Chi^2-Test, Regressionsanalyse und einfaktorielle Varianzanalyse.

3.3.1) Chi^2-Test

Möchte man zwei Stichproben auf Unterschiede in den zentralen Tendenzen überprüfen und handelt es sich dabei um nominalskalierte Variablen, so eignet sich hierfür der Chi^2-Test. Es werden also die erwarteten Häufigkeiten mit den empirischen Häufigkeiten verglichen und auf signifikante Unterschiede überprüft. Der Chi^2-Test kann für eine oder auch für zwei nominalskalierte Variablen durchgeführt werden.

Unsere erste Hypothese H1 besagt: Männer haben signifikant häufiger Erfahrung mit Elektroautos gemacht, als Frauen. Diese Hypothese bezieht sich auf die Variable S01, der Angabe zum Geschlecht und der Variable F08 „Haben Sie bereits persönlich Erfahrung mit elektromobilen Fahrzeugen (z.b. Auto, E-Bike, Segway) gemacht?". Bei beiden Variablen handelt es sich um nominalskalierte Daten, daher sind die Voraussetzungen für den Chi^2-Test bereits erfüllt.

Der Chi^2-Wert nach Pearson liegt mit 0,143 über 0 und besagt daher, dass es einen Zusammenhang gibt. Die Asymptotische Signifikanz (zweiseitig) liegt bei 0,705 und ist daher weit über dem Richtwert von p<0,05. Dies bedeutet, dass der Zusammenhang zwischen den beiden Variablen nicht signifikant ist und daher auch zufällig entstanden sein könnte (siehe Abbildung 4: Chi-Quadrat-Test – F08/S01).

Chi-Quadrat-Tests

	Wert	df	Asymptotisch e Signifikanz (zweiseitig)	Exakte Signifikanz (2-seitig)	Exakte Signifikanz (1-seitig)
Chi-Quadrat nach Pearson	,143^a	1	,705		
Kontinuitätskorrektur^b	,061	1	,805		
Likelihood-Quotient	,144	1	,704		
Exakter Test nach Fisher				,793	,404
Zusammenhang linear-mit-linear	,143	1	,705		
Anzahl der gültigen Fälle	326				

a. 0 Zellen (0,0%) haben eine erwartete Häufigkeit kleiner 5. Die minimale erwartete Häufigkeit ist 31,44.

b. Wird nur für eine 2x2-Tabelle berechnet

Abbildung 4: Chi-Quadrat-Test – F08/S01 (eigene Darstellung).

Die Hypothese, dass es einen signifikanten Zusammenhang gibt, ob jemand bereits Erfahrung mit Elektroautos gemacht hat und dem Geschlecht, muss also widerlegt werden.

Für die zweite Hypothese müssen die Variablen F10aA7 und S01 betrachtet werden. Bei S01 handelt es sich nochmals um das Geschlecht der Befragten. Bei F10a konnten die Teilnehmer angeben, was für sie einen Grund zum Mieten des MINI E während des Aufenthalts in Garmisch-Partenkirchen darstellen würde. Die Variable F10aA7 stellt im Datensatz die Antwortmöglichkeit „um 204 PS zu erleben" dar. Bei dieser Variable waren im Datensatz zahlreiche fehlende Daten eingetragen. Um diese Daten dennoch auswerten zu können, wurden die Variablen unter dem Namen „Gründe_PS" neu berechnet und folgende Formel hinterlegt: Gründe_PS = MISSING(F10aA7)=0. Dadurch wurden in der neuen Zielvariable alle fehlenden Werte mit einer „0" hinterlegt, was einer Nicht-Auswahl des Items entspricht. Bei der Durchführung eines Chi^2-Tests für die neu berechnete Variable „Gründe_PS" und der Variable „S01" ergibt sich ein Chi-Quadrat-Wert nach Pearson von 1,957 und eine asymptotische Signifikanz (zweiseitig) von 0,162. Dies weist darauf hin, dass zwar ein Zusammenhang zwischen dem Geschlecht und der Auswahl des Items „um 204 PS zu erleben" erkennbar ist, dieser allerdings nicht signifikant ist. (siehe Abbildung 5: Chi-Quadrat-Test – Gründe_PS/S01).

Chi-Quadrat-Tests

	Wert	df	Asymptotisch e Signifikanz (zweiseitig)	Exakte Signifikanz (2-seitig)	Exakte Signifikanz (1-seitig)
Chi-Quadrat nach Pearson	1,957[a]	1	,162		
Kontinuitätskorrektur[b]	1,174	1	,279		
Likelihood-Quotient	2,174	1	,140		
Exakter Test nach Fisher				,215	,138
Zusammenhang linear-mit-linear	1,951	1	,162		
Anzahl der gültigen Fälle	326				

a. 1 Zellen (25,0%) haben eine erwartete Häufigkeit kleiner 5. Die minimale erwartete Häufigkeit ist 4,22.

b. Wird nur für eine 2x2-Tabelle berechnet

Abbildung 5: Chi-Quadrat-Test – Gründe_PS/S01 (eigene Darstellung).

Die dritte Hypothese besagt, dass der Grund gegen das Mieten eines MINI E beim Aufenthalt in Garmisch-Partenkirchen das Auseinandersetzen mit der ungewohnten Technik statistisch signifikant häufiger von Frauen gewählt wird. Auch bei dieser Hypothesenüberprüfung war aufgrund der fehlenden Werte das berechnen einer neuen Zielvariable „Gegengrund_Technik" notwendig. Ein Blick auf die absoluten Angaben in der Kreuztabelle lassen bereits erahnen, dass sich auch diese Hypothese nicht bestätigen lässt, da je Geschlecht jeweils vier Befragte dieses Item auswählten. Allerdings sind in der Stichprobe mehr Männer als Frauen befragt worden (siehe 3.1), daher ist ein Blick auf die Signifikanz und den Chi-Quadrat-Wert notwendig. Mit einem Chi-Quadrat-Wert von 0,471 scheint auch hier ein Zusammenhang zu bestehen, welcher jedoch mit einer Signifikanz von 0,492 nicht bedeutungsvoll ist. Daher muss auch diese Hypothese widerlegt und die H0 Hypothese angenommen werden (siehe Abbildung 6: Chi-Quadrat-Test – Gegengrund_Technik/S01).

9

Chi-Quadrat-Tests

	Wert	df	Asymptotische Signifikanz (zweiseitig)	Exakte Signifikanz (2-seitig)	Exakte Signifikanz (1-seitig)
Chi-Quadrat nach Pearson	,471[a]	1	,492		
Kontinuitätskorrektur[b]	,101	1	,750		
Likelihood-Quotient	,459	1	,498		
Exakter Test nach Fisher				,488	,367
Zusammenhang linear-mit-linear	,470	1	,493		
Anzahl der gültigen Fälle	326				

a. 2 Zellen (50,0%) haben eine erwartete Häufigkeit kleiner 5. Die minimale erwartete Häufigkeit ist 3,07.

b. Wird nur für eine 2x2-Tabelle berechnet

Abbildung 6: Chi-Quadrat-Test – Gegengrund_Technik/S01 (eigene Darstellung).

Die vierte Hypothese lautet: Bei Regenwetter hätten sich die Befragten signifikant häufiger für das Angebot eines E-Autos entschieden. Diese Hypothesen wird durch die beiden nominalskalierten Variablen „F09aA1" und die Variable „regnerisch" überprüft. Die Variable „F09aA1"wurde von den Befragten gewählt, wenn sie während des Aufenthalts in Garmisch-Partenkirchen gerne einmal das Angebot, ein E-Auto zu fahren, nutzen würden. Nachdem auch hier die fehlenden Werte mit einer „0" hinterlegt wurden und die Wertebeschriftung vorgenommen wurde, ergab der Chi-Quadrat-Test folgende Werte: Chi-Quadrat-Wert nach Pearson: 3,997; Asymptotische Signifikanz (zweiseitig): 0,046. (siehe Abbildung 6: Chi-Quadrat-Test – regnerisch/F09aA1) Das Ergebnis bedeutet, dass es einen Zusammenhang gibt und dieser auch statistisch signifikant ist. Es ist also kein Zufall, dass die Befragten sich bei regnerischem Wetter eher für das Angebot eines E-Autos entschieden haben, anstatt dem eines E-Bikes, Segways oder E-Rollers.

10

Chi-Quadrat-Tests

	Wert	df	Asymptotisch e Signifikanz (zweiseitig)	Exakte Signifikanz (2-seitig)	Exakte Signifikanz (1-seitig)
Chi-Quadrat nach Pearson	3,997[a]	1	,046		
Kontinuitätskorrektur[b]	3,507	1	,061		
Likelihood-Quotient	3,932	1	,047		
Exakter Test nach Fisher				,057	,031
Zusammenhang linear-mit-linear	3,984	1	,046		
Anzahl der gültigen Fälle	326				

a. 0 Zellen (0,0%) haben eine erwartete Häufigkeit kleiner 5. Die minimale erwartete Häufigkeit ist 34,10.

b. Wird nur für eine 2x2-Tabelle berechnet

Abbildung 7: Chi-Quadrat-Test – regnerisch/F09aA1 (eigene Darstellung).

3.3.2) Regressionsanalyse

Die Regressionsanalyse dient dazu den Wert einer abhängigen Variable durch Angabe einer unabhängigen Variable zu prognostizieren und somit die Art des Zusammenhangs aufzudecken. Dieser Zusammenhang lässt sich dann in Form einer Regressionsgeraden darstellen. Je nach Anzahl der unabhängigen Variablen handelt es sich bei einer um eine bivariate und bei mehreren um eine multiple Regressionsanalyse. Die unabhängige Variable X wird auch als Prädiktor oder Regressor und die abhängige Y Variable wird auch als Kriterium oder Regressand bezeichnet. Für die einfache, aber auch für die multiple lineare Regression liegt das Skalenniveau der Variablen im metrischen Bereich. Da der Fragebogen insgesamt sehr wenige metrische Daten zur Verfügung stellt, ist das Aufstellen einer geeigneten Hypothese sehr eingeschränkt. Die Studienarbeit beschränkt sich im weiteren Verlauf auf die einfache lineare Regression, da die Kombination von mehr als einer unabhängigen Variable bei diesem Fragebogen keinen qualitativen Sinne ergeben würde. Das Bestimmtheitsmaß R^2 gibt an, wie gut die Regressionsgerade das Modell beschreibt. Dieser Wert kann zwischen 0 – 1 liegen. Je höher der Wert, desto besser kann die Regressionsgerade den Zusammenhang zwischen der abhängigen und der unabhängigen Variabel beschreiben. Die Signifikanz, also die Zuverlässigkeit zur Übertragung auf die Grundgesamtheit, wird durch den F-Test ermittelt. Auch für die Regressionsanalyse gibt es einige Anwendungsvoraussetzungen:

– Linearitätsannahme

11

- Normalverteilung
- Autokorrelation
- Homoskedastizitätsannahme für die Residuen
- Multikolinearität (bei multipler Regression)

Aufgrund einer sachologischen Überlegung stellen wir die (fünfte) Hypothese auf, dass der Preis, den jemand für den MINI E während seines Aufenthalts in Garmisch-Partenkirchen als zu teuer empfindet, mit der Variable Alter erklärt werden kann.

Bevor mit der Überprüfung der Voraussetzungen begonnen wird, ist eine Anpassung der Variablentypen und Skalenniveaus in SPSS notwendig.

Nun wird die Prämisse der Linearitätsannahme anhand eines Streudiagramms überprüft. In diesem Streudiagramm werden die Werte der unabhängigen X-Variable, in diesem Fall das Alter „S02A1", und die, der abhängigen Y-Variable, dem Preis der zwar als teuer angesehen wird, aber gerade noch akzeptabel ist, überprüft. Die Grafik (siehe Abbildung 8: Streudiagramm – S02A1/F12cA1) zeigt eine relativ schwache Korrelation, allerdings ist kein Kurvenverlauf zu erkennen, daher wird die Linearität angenommen.

GGraph

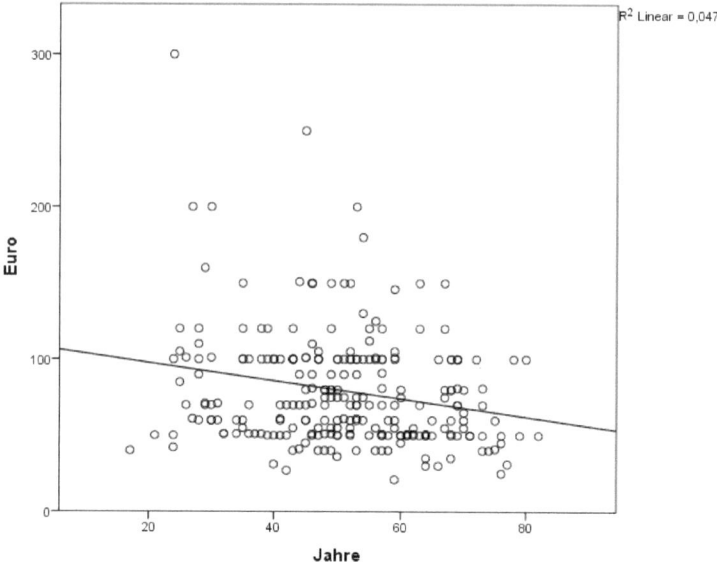

Abbildung 8: Streudiagramm – S02A1/F12cA1 (eigene Darstellung).

Als nächstes muss die Heteroskedastizität überprüft werden. Hierfür werden die nicht standardisierten Werte des Preises und die nicht standardisierten Residuen berechnet. Anhand der hierfür berechneten hohen Signifikanz der Koeffizienten von 0,003, kann in diesem Fall nicht von einer Homoskedastizität ausgegangen werden. Denn die Wahrscheinlichkeit, dass es sich um eine Heteroskedastizität handelt, ist durch die hohe Signifikanz sehr hoch. Das heißt, dass höhere Werte der abhängigen Variable mit höheren Werten der Residuen einhergehen (siehe Abbildung 9: Test auf Heteroskedastizität - S02A1/F12cA1).

Koeffizienten[a]

Modell		Nicht standardisierte Koeffizienten		Standardisierte Koeffizienten		
		Regressions koeffizientB	Standardfehler	Beta	T	Sig.
1	(Konstante)	-16,219	14,834		-1,093	,275
	Unstandardized Predicted Value	,552	,186	,186	2,968	,003

a. Abhängige Variable: Residuum_absolut

Abbildung 9: Test auf Homoskedastizität – S02A1/F12cA1 (eigene Darstellung).

Da das Videotutorial zum Vorgehen bei einer Heteroskedastizität auf der Lernplattform nicht mehr zu finden ist, wird im weiteren Verlauf dieser Hypothesenüberprüfung diese Verletzung übergangen.

Als nächstes wird die Normalverteilung mithilfe der studentisierten Residuen überprüft. Der Shapiro-Wilk-Test ergibt einen Signifikanzniveau von $p<0,05$, es handelt sich sogar um einen höchst signifikanten Wert von 0,000, daher ist die Wahrscheinlichkeit sehr hoch, dass es sich nicht um eine Normalverteilung handelt (siehe Abbildung 10: Test auf Normalverteilung - S02A1/F12cA1).

Tests auf Normalverteilung

	Kolmogorov-Smirnov[a]			Shapiro-Wilk		
	Statistik	df	Signifikanz	Statistik	df	Signifikanz
Studentized Residual	,163	248	,000	,762	248	,000

a. Signifikanzkorrektur nach Lilliefors

Abbildung 10: Test auf Normalverteilung – S02A1/F12cA1 (eigene Darstellung).

Zur Absicherung wird im folgenden Diagramm jedoch die Verteilung der Residualwerte grafisch dargestellt. Das Histogramm lässt auf eine Normalverteilung schließen. (siehe Abbildung 11: Histogramm Normalverteilung standardisierte Residuen – S02A1/F12cA1) Und auch das P-P-Diagramm zeigt, dass sich die Punkte nah an der Geraden befinden, was für eine geringe Abweichung von der Normalverteilung spricht (siehe Abbildung 12: P-P-Diagramm von Standardisierten Residuum). Daher wird die Prämisse der Normalverteilung als erfüllt angesehen.

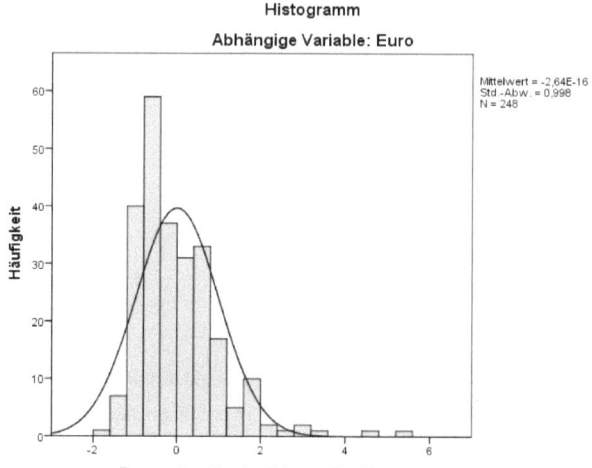

Abbildung 11: Histogramm Normalverteilung standardisierte Residuen –
S02A1/F12cA1 (eigene Darstellung).

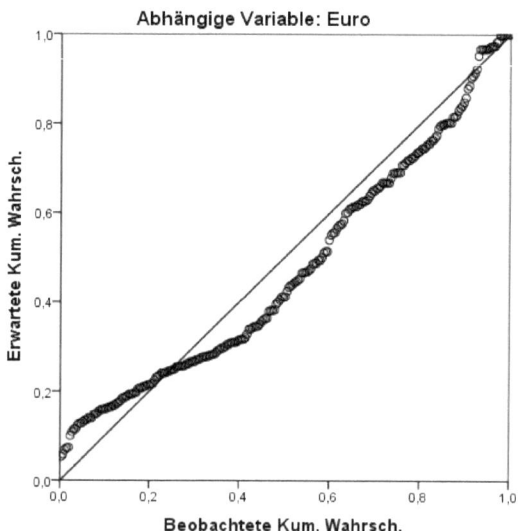

Abbildung 12: P-P-Diagramm von Standardisiertes Residuum (eigene Darstellung).

Nun wird als nächstes die Autokorrelation geprüft. Hierfür wird die Durbin-Watson-Statistik verwendet. Bei einem Wert zwischen 1,5 und 2,5 kann man eine Autokorrelation ausschließen, wodurch unsere Prämisse erfüllt wäre. Folgende Ergebnisse liefert uns SPSS:

Modellzusammenfassung[b]

Modell	R	R-Quadrat	Korrigiertes R-Quadrat	Standardfehle r des Schätzers	Durbin-Watson-Statistik
1	,216[a]	,047	,043	36,744	1,974

a. Einflußvariablen : (Konstante), Jahre
b. Abhängige Variable: Euro

Abbildung 13: Durbin-Watson-Statistik - S02A1/F12cA1 (eigene Darstellung).

Die Modellzusammenfassung zeigt einen Wert von 1,974, somit liegt in diesem Modell keine Autokorrelation vor, wodurch die Prämisse erfüllt ist.

Die Prüfung der Multikolinearität ist lediglich bei der multiplen Regressionsanalyse erforderlich, daher wird diese Voraussetzung hier nicht überprüft.

Bei der Testdurchführung wird zunächst die Modellzusammenfassung betrachtet (siehe Abbildung 14: Modellzusammenfassung - S02A1/F12cA1). Dadurch ergibt sich, dass lediglich 4,7% der Preisangabe durch das Alter prognostiziert werden können. Das korrigierte R^2 bestätigt diesen Wert.

Modellzusammenfassung[b]

Modell	R	R-Quadrat	Korrigiertes R-Quadrat	Standardfehle r des Schätzers	Durbin-Watson-Statistik
1	,216[a]	,047	,043	36,744	1,974

a. Einflußvariablen : (Konstante), Jahre
b. Abhängige Variable: Euro

Abbildung 14: Modellzusammenfassung - S02A1/F12cA1 (eigene Darstellung).

Dass es sich mit hoher Wahrscheinlichkeit nicht um eine zufällige Beziehung handelt wird durch die Signifikanz der ANOVA bestätigt. Wir können also von der Stichprobe auf die Grundgesamtheit schließen (siehe Abbildung 15: ANOVA S02A1/F12cA1). Bei der geringen Vorsehbarkeit der Varianz ist dies allerdings nicht aussagekräftig.

ANOVA[a]

Modell		Quadratsumme	df	Mittel der Quadrate	F	Sig.
1	Regression	16270,799	1	16270,799	12,051	,001[b]
	Nicht standardisierte Residuen	332130,933	246	1350,126		
	Gesamt	348401,731	247			

a. Abhängige Variable: Euro

b. Einflußvariablen : (Konstante), Jahre

Abbildung 15: ANOVA – S02A1/F12cA1 (eigene Darstellung).

Die Regressionsgleichung kann von der Koeffizienten-Tabelle (siehe Abbildung 16: Koeffizienten - S02A1/F12cA1) abgeleitet werden und lautet: Preisangabe bei F12cA1 = 109,515 -0,591*Jahre. In diese Gleichung kann nun das Alter eingesetzt werden und eine prognostizierte Preisangabe errechnet werden. Allerdings ist für diese Ergebnis eine durchschnittliche Schwankung in positive und negative Richtung von 36,744 (Standardfehler der Schätzer s) zu berücksichtigen. Durch den negativen Regressionskoeffizienten von - 0,591 wird deutlich, dass es sich hierbei um einen negativen Zusammenhang handelt. Die Hypothese H1 muss also abgelehnt werden und H0 angenommen werden. Es gibt zwar einen kleinen negativen Zusammenhang, dieser ist jedoch, wie die Testdurchführung gezeigt hat nicht signifikant genug.

Koeffizienten[a]

Modell		Nicht standardisierte Koeffizienten		Standardisierte Koeffizienten		
		Regressions koeffizientB	Standardfehler	Beta	T	Sig.
1	(Konstante)	109,515	8,993		12,177	,000
	Jahre	-,591	,170	-,216	-3,472	,001

a. Abhängige Variable: Euro

Abbildung 16: Koeffizienten – S02A1/F12cA1 (eigene Darstellung).

17

3.3.3) Einfaktorielle Varianzanalyse

Wie bereits bei der Regressionsanalyse handelt es sich auch bei der Varianzanalyse (auch als One-Way-ANOVA bezeichnet) um ein strukturüberprüfendes Verfahren. Hierbei werden Zusammenhänge und Wirkungen auf Basis theoretischer Überlegungen überprüft, indem mehrere Mittelwerte miteinander verglichen werden. Dies unterscheidet die Varianzanalyse auch vom t-Test, welcher lediglich zwei Mittelwerte vergleicht. Es gibt eine Vielzahl unterschiedlicher Typen der Varianzanalyse. Je nach Anzahl der unabhängigen bzw. abhängigen Variable, werden die Arten unterschieden. Handelt es sich bei der unabhängigen Variable um metrische Daten, so spricht man von einer Kovarianzanalyse. Vor der Testdurchführung müssen auch hier einige Voraussetzungen geprüft werden:

– die metrisch skalierte abhängige Variable sollte normalverteilt sein
– die unabhängige Variable ist ab Nominalskalenniveau möglich und sollte in mehrere Faktorstufen unterteilt sein
– ohne Messwiederholung ist die Unabhängigkeit der Vergleichsgruppen und die Homogenität der Varianzen zu überprüfen
– die Stichproben sollten in etwa gleich groß sein

Bei der sechsten Hypothese H1 „Wer mehr an Elektroautos interessiert ist, ist auch bereit mehr Miete dafür zu bezahlen" handelt es sich bei der abhängigen, metrisch skalierten Variable um den Tagesmietpreis, den die Befragten zwar als teuer ansehen, aber dennoch akzeptieren würden. Die unabhängige Variable (auch Faktor genannt) stellt das persönliche Interesse an Elektroautos dar. Die Faktorstufen sind hier in einer Likert-Skala aufgeführt von 1 = sehr großes Interesse bis 5 = gar kein Interesse. Die Prüfung auf Normalverteilung, Varianzhomogenität und der Vergleich der Stichprobengröße wird direkt mit dem Test durchgeführt. Bevor allerdings ein Test durchgeführt wird, muss der Variablentyp bei der Variable „F12b", welche für den Preis steht, von Zeichenfolge auf Nummerisch abgeändert werden. Außerdem sind bei beiden Variablen, die hinterlegten Messniveaus falsch, es handelt sich bei dem Preis um ein metrisches und bei der Angabe des Interesses um ein ordinales Niveau. Erst dann können die fehlenden Werte bei den Preisangaben von SPSS richtig verarbeitet werden.

Der Test auf Normalverteilung ergibt einen höchst signifikanten Wert von 0,000, was bedeutet, dass hier keine Normalverteilung vorliegt. Das Q-Q-Diagramm und der Boxplot untermauert grafisch dieses Ergebnis, denn die standardisierten Residuen liegen teilweise nicht nahe an der erwarteten Normalgeraden und der Median beim Boxplot ist nicht in der Mitte der Box. Die Varianzhomogenität wird anhand des Levene-Tests überprüft. In diesem

Fall liegt die Signifikanz bei 0,117 und ist somit größer als 0,05. Daher kann von einer Varianzhomogenität ausgegangen werden (siehe Abbildung 17: Levene-Test – F06A1/F12bA1). Die deskriptive Statistik deutet darauf hin, dass die Stichproben gleich groß sind bzw. keine Zelle leer ist. Die Vergleichsgruppen sind auch unabhängig voneinander und beeinflussen sich nicht. Bis auf die Normalverteilung, sind also alle Voraussetzungen für den Test erfüllt. Gegen diese Art der Verletzung ist die Varianzanalyse bei größeren Stichproben allerdings sehr robust. Aus diesem Grund wird im weiteren Verlauf, weiter auf die Ergebnisse der Varianzanalyse eingegangen.

Levene-Test auf Gleichheit der Fehlervarianzen[a]

Abhängige Variable: Euro

F	df1	df2	Sig.
1,868	4	245	,117

Prüft die Nullhypothese, daß die Fehlervarianz der abhängigen Variablen über Gruppen hinweg gleich ist.

a. Design: Konstanter Term + F06A1_1

Abbildung 17: Levene-Test – F06A1/F12bA1 (eigene Darstellung).

Der Test der Zwischensubjekteffekte (siehe Abbildung 18: Test der Zwischensubjekteffekte - F06A1/F12bA1) gibt die Signifikanz, der Auswirkung des persönlichen Interesses an Elektroautos an, in Bezug auf den Preis, den die Befragten noch bereit wären für ein solches Mietauto zu zahlen. Der Wert der Signifikanz liegt allerdings nur bei 0,185. Daher kann der Zusammenhang zwischen dem in F012bA1 angegebenen Preis und dem persönlichen Interesse an Elektroautos auch zufällig sein und ist nicht statistisch signifikant. Das R^2 von 0,025 gibt an, dass nur 2,5% der Varianz der Preisangabe über dieses Modell erklärt werden können.

Tests der Zwischensubjekteffekte

Abhängige Variable: Euro

Quelle	Quadratsumme vom Typ III	df	Mittel der Quadrate	F	Sig.
Korrigiertes Modell	4510,852[a]	4	1127,713	1,562	,185
Konstanter Term	751880,109	1	751880,109	1041,559	,000
F06A1_1	4510,852	4	1127,713	1,562	,185
Fehler	176860,465	245	721,879		
Gesamt	1186009,000	250			
Korrigierte Gesamtvariation	181371,316	249			

a. R-Quadrat = ,025 (korrigiertes R-Quadrat = ,009)

Abbildung 18: Test der Zwischensubjekteffekte – F06A1/F12bA1 (eigene Darstellung).

Anschließend wird die siebte Hypothese überprüft, ob die Anzahl der Übernachtungen signifikant mit dem Interesse an dem Angebot einen MINI E zu fahren zusammenhängt. Dabei wird zum einen die Variable F02A1 verwendet, welche für die Anzahl der Übernachtungen steht und zum anderen die Variable F10A1_1, welche das Interesse an dem MINI E-Angebot darstellt. Um mit den Daten entsprechende Tests durchführen zu können, mussten auch hier Variablentyp und Messniveau entsprechend angepasst werden. Anschließend konnte mit der Überprüfung der Prämissen begonnen werden. Die metrisch skalierte Variable ist in diesem Fall die Anzahl der Übernachtungen. Bei der ANOVA (analysis of variance) sollte diese Variable zum einen normalverteilt sein und zum anderen die abhängige Variable darstellen. Die Normalverteilung ist laut dem Kolmogorov-Smirnov-Test nicht gegeben, da die Signifikanz hier bei 0,000 liegt und somit die Normalverteilung widerlegt. Außerdem kann in diesem Fall die metrische Variable nicht als abhängig gesehen werden, denn die Hypothese geht davon aus, dass das Interesse an dem MINI E von dieser Variable beeinflusst wird. Zur Überprüfung dieser Hypothese müsste also eine einfaktorielle Kovarianzanalyse durchgeführt werden, was nicht der genannten Aufgabenstellung entspricht. Daher wird diese Hypothesenüberprüfung an dieser Stelle abgebrochen.

Als nächstes wird die achte Hypothese überprüft. Hierfür werden noch einmal die bereits genannten Voraussetzungen überprüft. Die metrische Variable „F12cA1" kann in diesem Fall als abhängig angesehen werden, da sie den Preis darstellt, den die Befragten als zu teuer für die Tagesmiete des MINI E ansehen. Es wird geprüft, ob dieser Preis von dem Einkommen abhängig ist. Die unabhängige Variable ist also „S04", das Haushaltsnettoeinkommen. Die Vergleichsgruppen sind unabhängig voneinander. Zur

Anwendung der Testinstrumente muss auch hier für die Variable des Haushaltsnettoeinkommens zunächst das Messniveau von nominal auf ordinal umgestellt werden. Bei der abhängigen Variable muss das Messniveau von nominal auf metrisch abgeändert werden und der Variablentyp von Zeichenfolge auf Nummerisch. Die Normalverteilung ist laut Shapiro-Wilk-Test und Kolmogorov-Smirnov-Test eindeutig nicht gegeben, da beide Signifikanzen bei 0,000 liegen (siehe Abbildung 19: Test auf Normalverteilung – F12cA1/S04). Wie bei der ersten ANOVA bereit beschrieben, ist eine Verletzung dieser Prämisse bei einer so großen Stichprobe jedoch zu vernachlässigen.

Tests auf Normalverteilung

	Kolmogorov-Smirnov[a]			Shapiro-Wilk		
	Statistik	df	Signifikanz	Statistik	df	Signifikanz
Standardisiertes Residuum für F12cA1	,119	215	,000	,855	215	,000

a. Signifikanzkorrektur nach Lilliefors

Abbildung 19: Test auf Normalverteilung – F12cA1/S04 (eigene Darstellung).

Die Homogenität der Varianzen ist mit einer Signifikanz des Levene-Tests von 0,615 allerdings gegeben (siehe Abbildung 20: Levene-Test - F12cA1/S04). In der deskriptiven Statistik sind keine leeren Zellen enthalten und in etwa gleich große Stichproben. Daher sind alle Voraussetzungen für die einfaktorielle Varianzanalyse gegeben.

Levene-Test auf Gleichheit der Fehlervarianzen[a]

Abhängige Variable: Euro

F	df1	df2	Sig.
,744	6	208	,615

Prüft die Nullhypothese, daß die Fehlervarianz der abhängigen Variablen über Gruppen hinweg gleich ist.

a. Design: Konstanter Term + S04

Abbildung 20: Levene-Test - F12cA1/S04 (eigene Darstellung).

Allerdings zeigt sich bei dem Test der Zwischensubjekteffekte (siehe Abbildung 21: Test der Zwischensubjekteffekte - F12cA1/S04) keine signifikante Auswirkung von der Preisvariable, ab welcher das Angebot als zu teuer empfunden wird und dem Einkommen. Denn der Wert liegt hier bei 0,583 und ist somit nicht statistisch signifikant. Die Hypothese muss also abgelehnt werden.

Tests der Zwischensubjekteffekte

Abhängige Variable: Euro

Quelle	Quadratsumme vom Typ III	df	Mittel der Quadrate	F	Sig.
Korrigiertes Modell	7100,871ᵃ	6	1183,479	,785	,583
Konstanter Term	657170,395	1	657170,395	435,874	,000
S04	7100,871	6	1183,479	,785	,583
Fehler	313603,364	208	1507,708		
Gesamt	1686346,201	215			
Korrigierte Gesamtvariation	320704,235	214			

a. R-Quadrat = ,022 (korrigiertes R-Quadrat = -,006)

Abbildung 21: Test der Zwischensubjekteffekte – F12cA1/S04 (eigene Darstellung).

4)   Interpretation

Die vier durchgeführten Chi^2-Test ergaben lediglich bei der vierten Hypothese einen Zusammenhang zwischen dem Wetter und der Wahl des Elektroautos. Bei Regenwetter scheinen also signifikant mehr Befragte ein Elektroauto dem Segway, E-Roller oder E-Bike vorzuziehen. Eine mögliche Erklärung könnte die Überdachung dieses Transportmittels sein. Die restlichen H1-Hypothesen der Chi-Quadrat-Tests müssen aufgrund der zu niedrigen Signifikanzen abgelehnt und die H0-Hypothesen angenommen werden. Diese sind:

–   Zwischen Männern und Frauen gibt es keinen signifikanten Unterschied in der Häufigkeit der Erfahrungen mit Elektroautos.

–   Bei dem Grund den MINI E zu mieten, um 204 PS zu erleben gibt es zwischen Männern und Frauen keinen signifikanten Unterschied.

–   Der Grund gegen das Mieten eines MINI E während des Aufenthalts in Garmisch Partenkirchen , aufgrund der ungewohnten Technik, ist geschlechterunabhängig.

Bei der Regressionsanalyse wurde die fünfte Hypothese überprüft, welche besagt dass es einen Zusammenhang zwischen dem Alter des Befragten und dem Preis der Variable „F12cA1" gibt. Hierbei geht es um den Preis, der für den Befragten zu teuer für einen Tagesmietsatz des MINI E´s wäre. Die Hypothese H1 wurde aufgestellt, mit dem Hintergedanken, dass ältere Menschen bereits besser bezahlte Positionen besetzten, ihnen mehr Geld monatlich zur Verfügung steht und daher bereit sind mehr Geld auszugeben. Hierbei ergab die Regressionsanalyse, dass der Preis nur mit 4,7% prognostiziert werden kann, der Zusammenhang also sehr schwach ist und zudem negativ, wie aus der

22

Regressionsgeraden zu entnehmen ist. Das bedeutet also, dass die Hypothese H1 abgelehnt werden muss. Sieht man sich das zugehörige Streudiagramm an, so ist eine leichte Tendenz in die gegenteilige Richtung zu erkennen. Dies könnte damit zusammenhängen, dass sich ältere Menschen nicht so sehr für das Thema Elektromobilität interessieren und daher auch nicht so viel dafür ausgeben würden. Dieses Ergebnis ist allerdings als eingeschränkt valide zu betrachten, da hier nicht alle Prämissen erfüllt werden konnten.

Bei der Varianzanalyse wurde dann die Hypothese aufgrund der niedrigen Signifikanz widerlegt, dass mehr persönliches Interesse an Elektroautos mit einer Akzeptanz eines höheren Mietpreises einhergeht. Die siebte Hypothese, dass mit einer höheren Übernachtungsanzahl ein höheres Interesse an dem Miet-MINI E besteht konnte nicht überprüft werden, da die Prämissen hierfür nicht gegeben waren. Die letzte Hypothese, dass es einen signifikanten Zusammenhang zwischen dem Einkommen und dem Preis gibt, welcher als zu teuer empfunden wird, musste ebenfalls widerlegt werden aufgrund der geringen Signifikanz-Ergebnisse der Tests. Es gibt demnach also keinen statistisch signifikanten Unterschied zwischen höheren und niedrigeren Einkommensklassen in Bezug auf die Preisansicht, ab wann ein elektrischer MINI pro Miet-Tag zu teuer ist.

5) Literaturverzeichnis

Bundesregierung (2013). Elektromobilität. Online:
[https://www.bundesregierung.de/Content/DE/Infodienst/2013/05/2013-05-31-
elektromobilitaet/2013-05-31-elektromobilitaet.html], Abruf 13.09.2016.

e-gap (2016). Gesamtvorhaben. Online: [http://www.e-gap.de/gesamtvorhaben/], Abruf
13.09.2016.

Kriener (2009). Zurück in die Zukunft. Online: [http://www.zeit.de/2009/38/A-Elektroauto],
Abruf 13.09.2016.

Statista (2016). Anzahl der Elektroautos in Deutschland von 2006 bis 2016. Online:
[http://de.statista.com/statistik/daten/studie/265995/umfrage/anzahl-der-elektroautos-in-
deutschland/], Abruf 13.09.2016.

BEI GRIN MACHT SICH IHR
WISSEN BEZAHLT

- Wir veröffentlichen Ihre Hausarbeit,
  Bachelor- und Masterarbeit

- Ihr eigenes eBook und Buch -
  weltweit in allen wichtigen Shops

- Verdienen Sie an jedem Verkauf

Jetzt bei www.GRIN.com hochladen
und kostenlos publizieren